穿在身上的別樣風情 | 民族服飾

檀傳寶◎主編　班建武◎編著

中華教育

目錄

我國各民族的服飾不僅豔麗多彩，而且服飾上
的圖案也是異彩紛呈，飾品更是令人稱奇。你能說
出這些服飾是來自哪個民族的嗎？試著猜猜看吧！

第一件

戴在身上的家當

各民族的服飾，最引人注目的無疑就是這些服飾上面各種令人稱奇的飾品。有的民族，像苗族、瑤族、侗族、傣族等，特別擅長用各種銀飾品來裝飾自己；而有些民族，則喜歡用瑪瑙、琥珀，以及鳥獸的羽毛、骨頭等來裝飾自己。接下來，就讓我們一起來領略這些美麗的民族飾品吧！

苗族的先民經常面臨外敵入侵的威脅，當遭到外敵入侵時，他們就不得不離開自己的家園，逃向敵人追不到的地方。

很多時候，外敵的入侵是十分突然的。很多苗族同胞由於沒有足夠的時間來收拾自己的財物，以至於很多積累多年的財物被敵人佔有。

對於苗族先民來講，逃亡一次就是一次巨大財富損失的過程。

怎樣在敵人入侵時能夠快速、高效地收拾好自己的財物呢？這成了困擾苗族先民的一個重要問題。

終於有一天，心靈手巧的苗族同胞想到了一個好辦法。他們把自己的財物都換成銀子，並將銀子熔化，做成各種飾品，佩戴在身上。這樣，再有敵人入侵的時候，他們就不用再忙着收拾財物，可以很快地把已經做成飾品的財物帶在身上快速離開。

人們發現，這種方法不僅有效，而且也很美觀。久而久之，原本的家當就成了他們日常生活中的重要飾品。

掛在耳朵上的兩個大「蘋果」

苗族銀飾以重為美，有的耳環單隻就重達 200 克，這相當於在耳朵上掛了兩個大蘋果。想想看，你的耳朵上如果掛着兩個蘋果，會有甚麼感覺？一位盛裝的苗族婦女，全身銀飾可達二三十斤。

苗族銀飾講究以多為美。耳環掛三四個，疊起來能垂到肩上；項圈戴三四條，把脖子都遮起來了；腰飾更是傾其所有，恨不得把家裏所有的銀飾都佩戴在身上。

苗族銀飾以大為美，婦女所佩戴的大銀角幾乎為自己身高的一半。

◀ 銀帽

▲ 銀角頭飾

辟邪訣竅

　　包括苗族在內的很多民族，如瑤族、侗族、傣族等大多數生活在山區。

　　他們的先民認為，這些地方濕氣很重，而且各種落葉、枯木、動物屍體等在山林裏腐爛後會特別容易產生各種毒氣。人們不小心進入被毒氣包圍的樹林中，就容易昏迷，甚至被毒死。

　　於是，生活在這裏的民族就有了他們的辟邪訣竅。

　　他們雖然沒有先進的儀器去檢測空氣中的瘴氣含量，但卻有最實用的辟邪寶物——銀飾品。一旦遇到有毒的氣體，他們身上佩戴的銀飾品就會發黑，這可以讓人們遠離瘴氣的毒害。

　　因此，銀飾品就成了瘴氣的「預警器」。

古人一般都會用銀針來檢測東西是否有毒。他們這種做法合理嗎？

在古代，最厲害的毒就是砒霜。由於當時人們煉製砒霜的技術不高，砒霜當中往往會混雜一些硫化物。而銀和硫會發生化學反應，使得銀表面變黑。所以，古代用銀針是可以檢測砒霜這種劇毒是否存在的。

但是，如果有人用高純度的砒霜去下毒，這時候用銀針來檢測，銀針是不會變黑的。因為高純度的砒霜裏面不含硫，銀就不會起化學反應，也就不會變黑。

所以，銀針只能夠用來檢測含硫的有毒物質。

銀針雖然不能檢測所有的有毒物質，然而卻能消毒。其原理是：銀針在水中可形成帶正電荷的離子，能吸附水中的細菌，並逐步進入細菌體內，使細菌失去代謝能力而死。而且，每升水中只要含有五千萬分之一毫克的銀離子，便可使水中大部分細菌死亡。所以，日常生活中用銀作碗筷仍是大有好處的。

在我國很多地方，小孩子出生後，大人都會給孩子佩戴銀項圈、銀手鐲等銀製品。你知道這是為甚麼嗎？

藏在頭上的寶貝

將家當穿戴在身上，除了苗族同胞外，藏族人民也會這樣做。藏族人民的家當比起苗族，在種類上要豐富多了。除了我們常見的藏銀外，紅珊瑚、綠松石、琥珀、蜜蠟、象牙、瑪瑙等珠寶也是藏族飾品的重要組成部分。

過去藏族人民過的主要是遊牧生活，經常四處搬遷去尋找水草豐美的地方。他們將全家，甚至幾代人所積累的財產打造成滿身披掛的珠寶首飾，既安全又方便。所以藏族人民所穿戴披掛的不僅是服裝飾件，更是一筆巨大的財產，這不僅彰顯着美，而且象徵着豪華與富有。

我到底是樹還是花？

實話告訴你們吧，我既不是樹，也不是花，而是一種動物的骨骼。這種動物叫作珊瑚蟲。

別看珊瑚品種繁多，只有我們這種紅色的珊瑚才能夠稱為寶石級的珊瑚。

人們往往把我們當作沉着、聰敏、平安、吉祥的象徵。

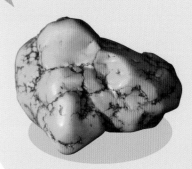

十二月生辰石

我的名字叫作綠松石。別聽我的名字有個「綠」字就認為我都是綠色的。我們家族成員的顏色可多了，有藍色、綠色，還有淺黃色。

我還有一個別名，叫作「十二月生辰石」。人們常常把我當作勝利和成功的象徵，在清代，我還被認為是天國寶石。

不要以為我只是簡單的一塊石頭啊，我可是有着「地球之星」的美譽。我的真實名字叫蜜蠟，屬於琥珀這個大家族中的一員。我的色彩可豐富了，有黃、紅、藍、青、白、赤、黑、紫、綠、橙這些常見的基本色調，但黃色是我最普遍的顏色。

雖然很多少數民族喜歡把家當戴在身上，但是，還有一些民族的飾品是經濟實惠的。動物的角、骨、牙、尾、皮毛和鳥羽，還有花草、果實、竹藤、棉麻、絲穗等，都是他們常用的頭飾材料。

高山族、苗族、黎族、瑤族、藏族、彝族、哈尼族、哈薩克族、維吾爾族等民族有以羽毛為飾的習俗。鄂倫春族人喜歡將鹿角戴在頭上，「鄂倫春」是民族自稱，即「使用馴鹿的人」。在鄂倫春族的生活中，馴鹿既是非常重要的交通工具，也是重要的生產工具。

這位藏族姑娘的頭上戴着很多寶石，有綠松石、紅珊瑚、蜜蠟等。到底怎麼樣才能把這些寶石區分開來呢？

▲ 頭戴鹿角的鄂倫春族勇士塑像

▲ 高山族男子頭上的羽毛飾品

顏色中的祕密

民族服飾吸引人之處不僅在於其精美的飾品，還在於其絢麗多彩的顏色。不同的民族，在服飾顏色的選擇上面，體現着不同民族的喜好和特定的文化，蘊含着許多關於不同的民族文化與生活的祕密。

信仰的顏色

你知道老虎是甚麼顏色的嗎？我們經常看到的老虎顏色是黃白相間的。

在一些民族所偏愛的服飾中，我們卻可以找到白色的老虎和黑色的老虎。

有些民族，如土家族、白族、普米族等特別喜歡白色的衣服；而另一些民族，如彝族、拉祜族、阿昌族、傈僳族等則喜歡黑色的衣服。你知道這是為甚麼嗎？

原來，很多民族服飾的顏色，都與其民族的信仰和圖騰有着十分密切的關係。

土家族、白族、普米族等民族都是以白虎為圖騰，因此他們特別喜歡白色的衣服；而彝族、拉祜族、阿昌族、傈僳族等民族因為以黑虎為原始圖騰，所以更偏愛黑色衣服；苗族、瑤族等民族則以五色犬——盤瓠為圖騰，形成了「好五色衣服，製裁皆有尾形」的傳統。

圖騰

圖騰是原始時代的人們把某種動物、植物或非生物等當作自己的親屬、祖先或保護神，相信它們有一種超自然力，會保護自己，並且還可以獲得它們的力量和技能。

白虎之後

白虎在土家族人的心目中有着很重要的地位。土家族自稱是「白虎之後」。相傳，遠古的時候，土家族的祖先巴務相被稱為「廩君」。廩君率領部落成員從居住的地方沿河而行，行至鹽陽，殺死兇殘的鹽水神女，定居下來。人民安居樂業，廩君也因此深受人們的愛戴。後來廩君逝世，他的靈魂化為白虎升天。從此土家族便以白虎為祖神，時時處處不忘敬奉。

虎也能補天！

彝族的民間史詩《梅葛》記載，天神在創世之初，派他五個兒子去造天。天造好後，便用雷電來試天，結果天裂了，用甚麼補呢？天神認為虎最威猛，於是又派五個兒子去將虎制服，然後他們用虎的一根大骨作撐天柱，這樣天就穩定下來了。

他們又用虎頭作天頭，虎尾作地尾，虎鼻作天鼻，虎耳作天耳，左眼作太陽，右眼作月亮，虎鬚作陽光，虎牙作星星，虎油作雲彩，虎氣作霧氣，虎心作天心地膽，虎肚作大海，虎血作海水，大腸作江，小腸作河，虎肋作道路，虎皮作地皮，硬毛作樹林，軟毛作青草……慢慢地，便有了今天的世間萬物。

找一找

這幅彝族刺繡中，有幾隻老虎？

虎之民族

彝族稱虎為羅，許多地方的彝族至今自稱「羅羅」，意為虎族。他們自認為是虎的民族，每年都要過虎節，從農曆正月初八的接虎祖開始，到正月十五的送虎祖結束。在他們的姓氏中，羅姓就表示他們是虎的後代。男人自稱羅羅濮或羅頗，意思是雄虎；女人則自稱羅羅摩，意思是母虎。彝族過去就通行火葬，他們認為遺體火化之後便可返祖為虎了。

五顏六色的民族

　　服飾顏色不僅成為不同民族得以區分的重要標誌，而且也是同一民族內不同支系相互辨別的主要參考因素。如壯族內部就有黑衣壯和白衣壯的區分；苗族按其服飾的色彩有「花苗」「紅苗」「白苗」「黑苗」等稱謂。

　　黑衣壯是壯族的一個支系，他們以黑色為美，並以黑色作為族羣的標誌。黑衣壯是一個非常古樸、非常純正的民族支系，他們恪守族規，只與族內人通婚，被譽為「壯族的活化石」。

　　花苗是一個獨具特色的苗族支系。因婦女穿的上衣比其他苗族分支刺繡更多，繁花似錦而得名。由於深居大山，受外界影響較小，花苗人至今保持着古樸的遺風和原始的勞作方式，傳承着紡織、刺繡、挑花等古老的手工技藝和傳唱山歌的風俗。

　　紅苗也是苗族支系，同時又進一步分為紅衣苗和紅頭苗兩個分支，分別以身着紅色彩線衣服或頭纏紅色頭帕、盤纏紅帶而得名。

▲花苗

▲ 黑苗

別看我們穿着不同，但我們都是地地道道的苗家人呢！

▼ 黑衣壯

▲ 紅苗

▲ 白苗

11

純天然的色彩

這些多彩的民族服裝，基本上是用自然的顏料染色的。

植物的莖葉、花、草、赭石、泥土等都是各民族人民常用的染料。如紅花、茜草、蘇木、朱砂可以染紅色，核桃樹皮可以染褐色，紫草可以染紫色，黃櫨、黃槐、黃連可以染黃色，檀樹皮可以染棕色，天然銅礦石可以染藍色、綠色⋯⋯這些染料不僅色彩鮮豔，不易褪色，而且還很環保。黑衣壯的黑色衣服就是用一種叫藍靛的植物染出來的。

藍靛上色

神奇的藍靛草

藍靛是一種草本植物，它的栽培及製作染料在瑤族人民中具有悠久的歷史。藍靛的主要用途是染布，另外還有藥用功效，主要是清熱、解毒。「青出於藍勝於藍」的「青」指的就是藍靛草的提取液。

（1）採摘藍靛

（2）製作染料

（3）浸染上色

（4）晾製作品

第三件

服飾上的地圖

　　各民族的服飾不僅豔麗多彩，而且服飾上的圖案也是異彩紛呈。各種動物、植物都是民族服飾上常見的圖案。這些圖案不僅有非常重要的裝飾功能，而且很多圖案當中也有着許多美好的寓意。甚至有些民族，如苗族，他們服飾上的圖案隱含了許多有關這個民族的歷史和傳說。

無字的史書

　　苗族先民通過一種特殊的「文字」來記載歷史，那就是繡在衣服上的各種彩線圖案。苗族衣服的袖口處繡有各種密密麻麻的彩線，這些彩線可不是隨便繡上去的。雖然不同地區的苗族服飾上的圖案不盡相同，但是這些圖案都離不開一個元素，那就是自己祖先遷徙的歷史。因此，苗族的服飾圖案就是一張遷徙的地圖。貴州鎮寧苗族把繡有江河的裙子分別稱為「遷徙裙」「三條母江裙」和「七條江裙」等，這些裙子的彩線圖案也是對苗族遷徙歷史的記錄。

　　除了苗族外，將歷史穿在身上的民族還有瑤族和羌族。瑤族的褲子上繡有由五條紅色線條組成的圖案，相傳是古代瑤族為保護本民族在褲子上留下的「血手印」；羌族衣服上則有一百多個方塊圖案，相傳這些圖案也記載了羌族的發展歷史。

蘭娟衣

黔東北苗族婦女都喜歡穿一種叫「蘭娟衣」的衣服。這種衣服的一個非常重要的特點是，上面繡有許多彩線。為甚麼她們這麼鍾愛這些彩線呢？

相傳，這些彩線記錄了一位叫「蘭娟」的苗族女首領帶領苗族同胞南遷的歷程。每離開一個地方，她就在衣服上繡一條彩線。黃線代表的是離開黃河，藍線代表的是離開長江⋯⋯每翻一重山，她就在彩線上縫下一點小標記。越往南，渡的河、翻的山越多，她縫下的記號就從領口一直密密麻麻地縫到褲腳口。最後到了武陵山區定居後，蘭娟就按照所記符號，重新用各種不同的彩線，精心繡製出一套特別精巧漂亮的女花衣，作為女兒的嫁妝。姑娘們爭相仿效，傳襲至今。

駿馬飛渡大江大河

在湖南西部苗家聚居區，「彌埋」和「浪務」兩種花邊紋樣在苗族刺繡中非常盛行。「彌埋」花邊是由無數個馬的抽象花紋連成一串，意為「駿馬飛渡大河」；「浪務」圖案是兩條折線形白色橫帶，中間有一些細小的星點花紋，表示黃河、長江同向奔流。整個紋樣寓意着苗族祖先遷徙時騎馬飛渡大江大河，跨越高山峻嶺才來到這裏安家落戶。

黔東南的凱里、黃平、台江、施秉、鎮遠等縣市的苗族婦女，幾乎每件花衣的披肩和褶裙裙沿的圖案中都繡有兩條彩色鑲邊的橫道紋樣，一條叫「媼仿」即黃河，一條叫「媼育」即長江，中間繡有山林、田園、村莊、牛羊和勞動的人們等圖案紋樣。

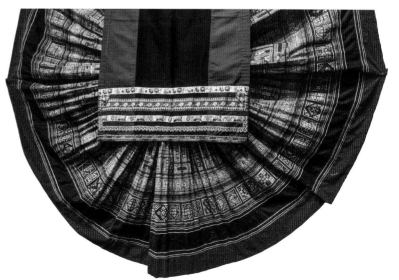

蝴蝶媽媽的故事

「蝴蝶」在中國的文化中有很多內涵，如愛情、生命等。春秋時期，就有「莊周夢蝶」的傳說；梁山伯與祝英台為了追求真摯的愛情也雙雙幻化成蝴蝶，在民間成為美談。我們常常能見到各種人首蝶身、蝶翼人身的圖案。

苗族的服飾上不僅有各種彩線，而且還有非常多的圖案。其中，最為常見的圖案就是各式各樣的蝴蝶。

苗族人為甚麼這麼喜歡蝴蝶呢？

原來，他們是把蝴蝶當作自己的媽媽了。

那麼，他們為甚麼要把蝴蝶當作自己的媽媽呢？

▲蝴蝶媽媽——苗族傳說中苗族人的共同祖先

傳說，在很久很久以前，有一棵楓樹被砍倒後，樹心裏飛出了一隻美麗的蝴蝶。這隻美麗的蝴蝶經常與溪水中的泡沫嬉戲，並且產下了 12 枚卵，但是，蝴蝶媽媽自己不會孵，於是鶺宇鳥來給她孵。

孵了三年多，終於孵出了人類祖先姜央，以及雷公、水龍、蛇、虎、羊、大象、野豬等動物。苗族先民都非常感謝蝴蝶媽媽的孕育之恩。為了感謝這份恩情，他們就把蝴蝶媽媽繡在衣服上，並且祭拜楓樹。

在苗族的民俗中，剛出生的小孩要用繡着蝴蝶的布包裹着。他們這樣做，就是希望剛出生的孩子能夠得到祖先——蝴蝶媽媽的保護而健康、茁壯成長。

除了苗族外，很多民族服飾上的圖案都有着動人的傳說。傈僳族婦女的「百布衣」、基諾族男子上衣背後的「孔明印」、水族褲腳的花邊等，都有着非常動聽的故事和傳說。

百布衣

傈僳族婦女的衣裙要用上百片的各色布料縫製，這是為甚麼呢？原來，古時在抵禦外敵的戰爭中，首領們常常用彩布包着獎品，獎勵有功的戰士。獲獎越多，則得到的彩布也就越多。婦女們穿上「百布衣」，既是展示親人的戰績，也是表達對在外作戰親人的思念。

基諾族成年男子的上衣背後一般都印有一個圓形的圖案，這個圖案被稱為「孔明印」。這個民族與諸葛亮有甚麼關係嗎？相傳，基諾族的祖先是諸葛亮南征部隊的成員。他們在途中休息時掉隊，當他們再追上部隊時，由於無法證明身份，諸葛亮就不再收留他們。但為了他們的生存，諸葛亮就給他們茶種，教他們種植，並讓他們根據自己的帽子式樣建造房子。後來，基諾人便在衣服上繡出「孔明印」圖案，以此來紀念諸葛亮。

水族的上衣環肩、袖口和褲腳等地方都繡有花邊，這又是為甚麼呢？原來，水族先民居住在崇山峻嶺當中，山中常有毒蛇出沒。為了防禦毒蛇的傷害，一位叫「秀」的水族姑娘想出一個辦法：用彩線在衣領、袖口、褲腳以及鞋子上繡上花邊。毒蛇看到這些花花綠綠的色彩，就再也不敢接近人了。

不用筆墨的繪畫高手

刺繡

　　民族服飾上少不了精美的圖案，繪製這些精美圖案既不用畫筆也不用水彩，而是用簡單的針線。一針一線，描繪出生活與世界。苗族刺繡的技法主要有平繡、挑花、堆繡、鎖繡、貼布繡、打籽繡、破線繡、釘線繡、縐繡、辮繡、纏繡、馬尾繡、錫繡、蠶絲繡等。這些技法中又分若干針法，如鎖繡就有雙針鎖和單針鎖，破線繡有破粗線和破細線。

　　要學會這些繡法可不是一件容易的事情，那是要經過長期的學習才能掌握的。

　　很多女孩子在很小的時候就開始學習刺繡了。在過去，一個女孩如果不會繡這些圖案，是很難嫁出去的。而現在，為了更好地傳承這些民族工藝，很多學校都開設了刺繡的相關課程。一些外國友人也被這些精美的圖案所吸引，紛紛來中國學習。

▼少數民族大多通過家庭傳授刺繡技藝

▲外國友人來中國學習刺繡　　　　　▲學校裏開設的苗族刺繡課

中國刺繡的「四大名繡」

蘇繡，在藝術上形成了圖案秀麗、色彩和諧、線條明快、針法活潑、繡工精細的地方風格，被譽為「東方明珠」。蘇繡的仿畫繡、寫真繡都非常逼真。人們在評價蘇繡時往往用「平、齊、細、密、勻、順、和、光」八個字來概括。

粵繡，構圖繁密熱鬧，色彩富麗奪目，施針簡約，繡線較粗且鬆，針腳長短參差，針紋重疊微凸。常以鳳凰、牡丹、松鶴、猿、鹿以及雞、鵝為題材。粵繡中著名的釘金繡金碧輝煌，多用作戲衣、舞台陳設品和寺院廟宇的陳設繡品，宜於渲染熱烈歡慶的氣氛。

蜀繡，亦稱「川繡」，其純觀賞品相對較少，以日用品居多，取材多數是花鳥蟲魚、民間吉語和傳統紋飾等，頗具喜慶色彩，繡製在被面、枕套、衣、鞋及畫屏等處。清代中後期，蜀繡在當地傳統刺繡技法的基礎上吸取了顧繡和蘇繡的長處，一躍成為全國重要的商品繡之一。蜀繡用針工整、平齊光亮、絲路清晰、不加代筆，花紋邊緣如同刀切一般齊整，色彩鮮麗。

湘繡，多以國畫為題材，形態生動逼真，風格豪放，曾有「繡花花生香，繡鳥能聽聲，繡虎能奔跑，繡人能傳神」的美譽。湘繡人文畫的配色特點以深淺灰和黑白為主，素雅如水墨畫；湘繡日用品的色彩豔麗，圖案紋飾的裝飾性較強。

染

　　如果說上面這些服飾上的圖案主要是繡上去的話，那麼，下面這些服飾上的圖案，你知道是怎麼印在衣服上的嗎？

　　實際上，這些圖案既不是繡上去的，也不是用筆畫上去的，而是採取了一種特殊的工藝──「蠟染」印上去的。貴州、雲南等省的苗族、布依族等民族擅長蠟染。

　　蠟染是用蠟刀蘸熔蠟繪畫於布後以藍靛浸染，染色後煮去蠟質，布面就會呈現出藍底白花或白底藍花的多種圖案；同時，在浸染中，作為防染劑的蠟自然龜裂，使布面呈現特殊漂亮的「冰紋」。蠟染圖案豐富、色調素雅、風格獨特，用於製作服飾和各種生活實用品，顯得樸實大方、清新悅目，富有民族特色。

教你做蠟染

　　首先，把蠟放在小鍋中，加溫熔解為汁，用蠟刀蘸蠟汁在白布上繪畫。繪成後，投入染缸浸染，染好撈出用清水煮沸，蠟熔化後就可以看出花紋。如果沒有染料，用藍色的墨水浸染也可以，你想試一試嗎？

　　除了蠟染外，還有一種著名的民族工藝——紮染。白族、彝族等族人民都是紮染的高手。

　　紮染工藝分為紮結和染色兩部分，通過紗、線、繩等工具，對織物進行紮、縫、縛、綴、夾等多種形式的組合後進行染色。其目的是對織物紮結部分起到防染作用，使被紮結部分保持原色，未被紮結部分均勻受染，從而形成深淺不均、層次豐富的色暈和皺印。織物被紮得愈緊、愈牢，防染效果愈好。

第四件

成語裏的服飾

我國各民族的服飾除了有各自的特點，很多民族的服飾也是有相似性的。

我們國家是一個由56個民族組成的統一的多民族國家，在幾千年的民族交流與融合中，不同民族之間都在相互學習，取長補短。

胡服騎射

我們國家的成語，有很多都與服飾有關，比如布衣黔首、豐衣足食、布衣蔬食、綵衣娛親、短衣匹馬、惡衣糲食、錦衣玉食、和衣而臥、解衣推食、衣錦還鄉、量體裁衣、綠衣黃裏、弱不勝衣、衣輕乘肥、一衣帶水、衣食父母、衣衫襤褸……

除了這些之外，你還知道哪些與衣服有關的成語？

在這些有關衣服的成語中，有一個典故非常有名，它深刻反映了民族服飾之間的交流與融合，這個典故就是「胡服騎射」。你知道這個成語與歷史上的哪個著名人物有關嗎？請在這個人物下面打勾吧！

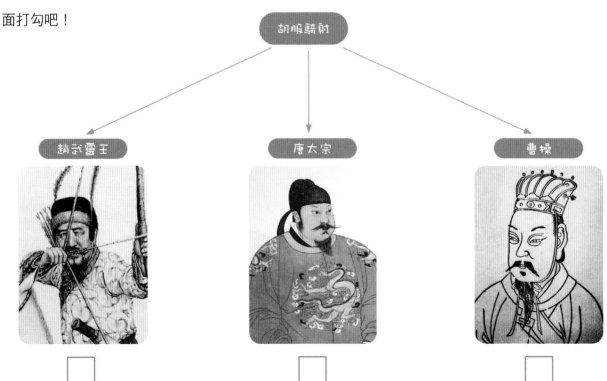

　　胡服是古代漢人對西方和北方各族胡人所穿服裝的總稱，即塞外民族西戎和東胡的服裝，與當時中原地區寬衣博帶式的漢服有較大差異。胡服一般多穿貼身短衣、長褲和革靴，衣身緊窄，活動便利。

▲胡服　　　　　　　　　　　　　　　　▲漢服

戰國時期，趙國屢敗於齊、秦、魏等國，損兵折將，不得不忍辱割地。為改變困境，趙武靈王採取了一系列的改革，其中最重要的一項就是穿胡人服裝。穿着這樣的衣服騎馬射箭比傳統的長袍要方便多了。

可是，他的叔叔公子成等人因恪守舊風俗的禮教而反對，甚至稱病不上朝。於是，趙武靈王親自去說服叔叔公子成，說要想富國強兵，首先衣服要改制，這樣才有利於打仗和生產，死守舊禮法只會誤國。公子成聽了很受感動，並表示願意服從衣服改制的命令。

之後，趙國採用胡人的短服來代替長袍，以騎馬射箭來代替乘車持戈作戰。從此，趙國軍事力量大增，成為「戰國七雄」之一。

「胡服騎射」是中國歷史上第一場服飾革命，對後世服飾產生了極其深遠的影響。自趙武靈王改革服制之後，齊、楚等國相繼仿效，「習胡服，求便利」成了當時服飾變化的總體傾向。

今日的邯鄲（趙國的都城）多處都有趙武靈王的雕塑，反映了人們對這位雄才偉略的歷史人物的緬懷。

趙武靈王塑像 ▶

▼叢台是「胡服騎射」發生地，
可以觀看歌舞和軍事操演

旗袍：穿在身上的旗子？

　　各民族的服飾不僅相互學習，而且，有些本來屬於某個民族的服飾，也會在其他民族流行。

比如旗袍，它本是<u>滿族</u>婦女的衣服，現在已經變成了大家都喜愛的服裝了。由於旗袍可以勾勒出

女性婀娜的身段，所以有相當長一段時間旗袍成為中國女性的流行服飾。

　　從下圖不同時代女性穿着的旗袍中，你能看到旗袍在這一百多年間都發生了哪些變化嗎？

清代

民國時期

民國時期

旗袍的前世

在滿族人民中流傳着一個關於旗袍起源的傳說。

從前，在鏡泊湖畔有個漁家姑娘，由於她從小跟着阿媽在湖邊打魚，臉曬得紅裏透黑，因此人們都叫她黑姑娘。那時候，滿族的婦女都穿着古代傳下來的肥大衣裙，可是黑姑娘在湖邊打魚勞作，常被湖邊的樹枝刮扯衣服，很不方便，於是她就剪裁製作了一種連衣裙的多扣袢長衫。這種長衫兩側開衩，下湖捕魚時可將衣襟夾在腰間，平時扣袢一直到腿彎兒，可以當裙子穿，既合體又省布。

後來皇上把黑姑娘召進宮，封為娘娘。黑娘娘在皇宮裏運用她的智慧，為窮人做了許多好事。後來見宮廷的山河地理裙又肥大又長，在地上拖拉半截，腳踩鞋蹬的，實在太可惜，她就動手把這裙子剪開，改製成她從前穿的那種既節約布料又方便的衣裝。哪承想這一來惹了大禍。那些娘娘、妃子本來就很嫉妒她，這回一見她剪了裙子就一齊上殿向皇上告她的狀，說黑娘娘剪爛山河地理裙，這是有意剪斷我主一統的江山。皇上聽信了這些讒言，就把黑娘娘處死了。

關東人聽說黑娘娘慘死了，大哭了三天。旗人家的婦女為了紀念黑娘娘，都穿起她剪裁的那種連衣帶裙的繫扣長衫。後來，這種長衫就成為滿族女性的日常服飾了。

「八旗」可不是八面旗幟！

八旗制度是清太祖努爾哈赤於明萬曆二十九年（1601年）正式創立，它是特有的一種以滿洲人為主導的軍事社會組織。初建時設四旗：黃旗、白旗、紅旗、藍旗。1614年，將原有的四旗改為正黃、正白、正紅、正藍，並增設鑲黃、鑲白、鑲紅、鑲藍四旗，合稱八旗。

旗袍的今生

旗袍已經成為中華服飾的重要組成部分。

2008年北京奧運會上，頒獎禮儀小姐身上就穿着美麗的旗袍。這些亮相奧運的旗袍還有十分動聽的名字：青花刺繡魚尾裙、金色腰封金立領、立體銀線國槐綠、彩繡腰封飄玉珮、金繡功粉色系……

旗袍不僅作為中國的傳統民族服飾深受國人的喜歡，而且也受到了世界各國的歡迎。

1933 年，六件精緻的旗袍被送往美國芝加哥，中國服飾第一次走進了世博會。

民族的，才是世界的

　　隨着現在國與國之間交流的日益頻繁，民族的元素越來越受重視，很多時尚服裝裏都包含民族的元素。當前在國際時裝表演的舞台上，只有民族的，才是世界的。時裝界的很多大師都從中國民族服飾中獲得了創作的靈感。

　　近年流行的時裝「彩虹裙」，就是對涼山彝族服飾中百褶裙造型元素的運用。涼山彝族百褶裙色彩對比強烈，給人以明亮、濃豔之感。現代彩虹裙借鑒了彝族百褶裙的造型，並採用了和諧的過渡色，使裙子顯得更淡雅、清新。裙擺隨身體的走動有節奏地擺動，宛如一道道彩虹，極富韻味。

▲ 現代彩虹百褶裙　　　　彝族百褶裙 ▶

法國時裝大師伊夫・聖・洛朗先生就曾這樣說過：「有甚麼國度可以這樣引人遐思的呢？只有中國。西方的藝術受中國之賜可謂多矣，那影響是多方面的而且是明顯的，沒有中國的文化，我們的文明決不能臻於今日的境地……」

　　2011 年 10 月 31 日，在貴州省舉行的「能工巧匠千人賽」上，香港設計師將貴州少數民族傳統服飾元素與現代理念碰撞結合，製作出適合日常穿着的各種民族「潮服」。

我是小小設計師

　　除了彝族的百褶裙外，你還能在哪些服飾中找到中國各民族文化元素呢？請小朋友借鑒一個民族服飾的代表性元素，設計一款時尚漂亮的兒童裝吧！

我的家在中國‧民族之旅 ①

穿在身上的
別樣風情 | 民族服飾

檀傳寶◎主編　班建武◎編著

責任編輯：鍾昕恩
裝幀設計：龐雅美
排　版：張詠心　鄧佩儀
印　務：劉漢舉

出版 / 中華教育
香港北角英皇道 499 號北角工業大廈 1 樓 B
電話：（852）2137 2338
傳真：（852）2713 8202
電子郵件：info@chunghwabook.com.hk
網址：https://www.chunghwabook.com.hk/

發行 / 香港聯合書刊物流有限公司
香港新界荃灣德士古道 220-248 號
荃灣工業中心 16 樓
電話：（852）2150 2100
傳真：（852）2407 3062
電子郵件：info@suplogistics.com.hk

印刷 / 美雅印刷製本有限公司
香港觀塘榮業街 6 號
海濱工業大廈 4 樓 A 室

版次 / 2021 年 3 月第 1 版第 1 次印刷
©2021 中華教育

規格 / 16 開（265 mm x 210 mm）